Mers et océans

écrit par **Anita Ganeri**
traduit par **Brigitte Dutrieux**

Nathan

Édition originale parue sous le titre :
I Wonder Why The Sea is Salty and Other Questions
About the Oceans
Copyright © Macmillan Children's Books 1994,
une division de Macmillan Publishers Ltd., Londres
Auteur : Anita Ganeri
Illustrations : Chris Forsey 4-5, 6-7, 14-15, 20-21, 28-29, 30-31 ;
Nick Harris (Virgil Pomfret Agency) 8-9 ; Tony Kenyon
(B. L. Kearley) pour les dessins humoristiques ; Nicki Palin
10-11, 18-19 ; Maurice Pledger (Bernard Thornton) 16-17,
24-25 ; Bryan Poole 12-13, 22-23, 26-27.

Édition française :
© 2014, Éditions NATHAN, SEJER,
92, avenue de France, 75013 Paris
Traduction : Brigitte Dutrieux
Réalisation : Martine Fichter
N° éditeur : 10268963
ISBN : 978-2-09-255264-3
Dépôt légal : mai 2014

Conforme à la loi n° 49-956 du 16 juillet 1949
sur les publications destinées à la jeunesse,
modifiée par la loi n° 2011-525 du 17 mai 2011.

Achevé d'imprimer en novembre 2020 par Wing King Tong
Products Co. Ltd., Shenzhen, Guangdong, Chine

www.nathan.fr

LES QUESTIONS DU LIVRE

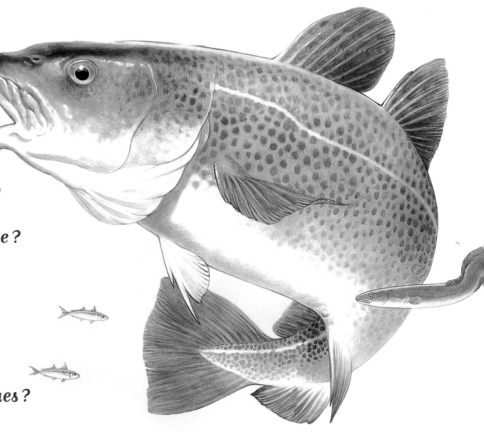

Quelle est la taille d'un océan ?

L'océan est gigantesque !
Il représente les trois cinquièmes de la surface de la Terre. En fait, il existe quatre océans : l'océan Pacifique, l'océan Atlantique, l'océan Indien et l'océan Arctique. Bien qu'ils aient des noms différents et soient situés à des endroits de la planète parfois très éloignés les uns des autres, ils communiquent pour ne former qu'un seul gigantesque océan.

Impossible de nager dans l'océan Arctique ! C'est l'océan le plus froid qui existe. Il est recouvert de glace la plus grande partie de l'année.

Quel est l'océan le plus grand ?

Ces gouttes d'eau classent les océans par ordre de taille.

Le Pacifique est de loin le plus grand océan du monde. Il est plus grand que les trois autres réunis et c'est également le plus profond. Si tu regardes une mappemonde, tu verras que le Pacifique recouvre à lui seul la moitié de la surface de la Terre. Situé entre l'Asie, l'Amérique et l'Australie, il a presque la forme d'un cercle.

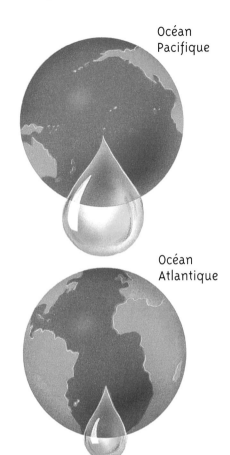

Océan Pacifique

Océan Atlantique

Quelle différence y a-t-il entre la mer et l'océan ?

On utilise souvent les termes mer et océan pour désigner la même chose. Ce n'est pas vraiment faux, mais pour un scientifique, les mers sont des bassins océaniques de plus petite taille, souvent entourés de terre et reliés à un océan par un détroit. La mer Méditerranée s'étend ainsi entre l'Afrique et l'Europe, elle semble presque fermée et rejoint l'Atlantique par le détroit de Gibraltar.

Océan Indien

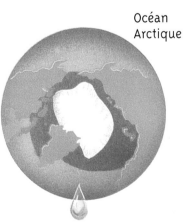

Océan Arctique

Pourquoi la mer est-elle salée ?

L'eau de mer a un goût salé car elle contient du sel !
C'est le même sel que celui que tu utilises pour tes aliments.
Il provient en grande partie des roches continentales.
La pluie entraîne le sel dans les fleuves qui le charrient
jusque dans la mer.

Sur Terre, la plus grande partie de l'eau est salée. L'eau douce que nous pouvons boire n'est présente qu'en faible quantité.

Dans l'Ouest et le Sud de la France, comme dans d'autres pays (l'Inde par exemple), on produit du sel. Les hommes construisent de petits murets pour piéger l'eau de mer à marée montante. Le Soleil fait évaporer l'eau et le sel reste sur place.

Certaines plages de la mer Noire sont couvertes de vase noirâtre. Il paraît qu'en mettre sur son corps est excellent pour la peau, cette boue étant très riche en minéraux.

La mer Rouge est-elle vraiment rouge ?

Certaines zones de la mer Rouge semblent rouges. En été, des millions de minuscules algues rouges se multiplient dans l'eau et lui donnent une teinte rougeâtre. Ne t'inquiète pas, tu ne deviendras pas tout rose si tu t'y baignes !

Quelle était la plus grande crainte des navigateurs ?

Autrefois, les navigateurs devaient se contenter de mauvaise nourriture, supporter des tempêtes effrayantes… et les attaques de terribles pirates ! Les pirates sillonnaient les mers à la recherche de navires remplis de marchandises précieuses. Quand ils repéraient un navire, ils l'abordaient, attaquaient l'équipage et emportaient la cargaison.

Les vrais pirates n'infligeaient pas le supplice de la planche à leurs prisonniers pour s'en débarrasser. Mais c'est ce qu'on lit dans les histoires !

Barbe-Noire était l'un des pirates les plus redoutables. Pour paraître encore plus impressionnant, il avait coutume d'enrouler une corde autour de sa barbe et d'y mettre le feu !

Il y eut peu de femmes pirates. Anne Bonny et Mary Read sont les plus connues d'entre-elles. Elles se déguisaient en hommes et étaient aussi redoutables que leurs compagnons d'abordage.

Qui fit le premier tour du monde en bateau ?

En 1519, une flotte de cinq navires quitta l'Espagne pour faire le tour du monde. Leur capitaine, Fernand de Magellan, navigateur portugais au service du roi d'Espagne, fut tué en route. Un seul navire, avec à son bord seulement 18 survivants, réussit à terminer le voyage. Un tour du monde qui aura duré trois ans.

Les conditions de vie à bord étaient très difficiles pour les hommes de l'explorateur Magellan. Faute de nourriture, ils mangeaient du cuir grillé !

De quoi le sable est-il fait ?

Regarde attentivement une poignée de sable et tu verras qu'il se compose de minuscules fragments de roches et de coquilles. Les fragments de roches proviennent de falaises érodées par l'action des vagues et de la pluie. Les coquilles sont cassées par les vagues.

Le sable n'est pas toujours jaune. Certaines plages ont un sable blanc, noir ou même vert.

Tu veux connaître la météo des prochains jours ? Suspends une algue dehors, elle te prédira le temps ! Si elle gonfle, la pluie arrive. Si, au contraire, elle se dessèche, le Soleil va briller.

Les naufrageurs étaient des pillards qui allumaient des feux sur les côtes pour attirer les bateaux contre les rochers. Ils volaient les marchandises précieuses et les cachaient dans des cavernes.

Comment les grottes se forment-elles ?

Les vagues roulent le sable et les roches contre les falaises qui sont ainsi lentement usées. Les vagues creusent une petite cavité qui devient peu à peu un trou. Très longtemps après, ce trou devient une grotte sombre et humide.

On trouve souvent des coquilles vides sur la plage. Leurs occupants ont sans doute été mangés !

Une plage tropicale paraît déserte mais, en réalité, des dizaines d'espèces de plantes et d'animaux y vivent.

Pourquoi les patelles s'accrochent-elles aux rochers ?

Comme les autres animaux du rivage, les patelles ont une vie rude ! À marée haute, ces petits coquillages sont battus par les vagues. À marée basse, quand la mer se retire, ils risquent d'être arrachés par les tourbillons d'eau. Les pauvres patelles doivent donc s'accrocher aux rochers pour ne pas être emportées par la mer.

Y a-t-il des poissons lumineux ?

Le fond des océans est noir comme de l'encre et il y fait aussi froid que dans un réfrigérateur !

Il fait si sombre au fond des océans que certains poissons produisent leur propre lumière. La baudroie abyssale possède un long filament qui se balance devant sa tête. L'extrémité de ce filament porte un organe lumineux qui sert à attirer les proies. Dès qu'un poisson approche, la bouche de la baudroie se referme d'un coup sec. Le piège a fonctionné !

Baudroie abyssale

Quelle est la profondeur d'un océan ?

La profondeur moyenne d'un océan est de 4 km. Cela représente plus de 13 tours Eiffel superposées !

Au fond des océans il existe d'immenses fentes, appelées fosses. Certaines ont plus de 10 km de profondeur.

Y a-t-il des cheminées sous la mer ?

Des panaches d'eau bouillante chargée de particules surgissent de fentes situées au fond des océans. Ces particules se déposent au contact de l'eau froide, formant ainsi, peu à peu, d'étranges cheminées. On en trouve en de nombreux endroits des fonds sous-marins.

Grandgousier

Lamprotoxus flagellibarba

Beaucoup de poissons abyssaux sont vraiment très laids. Heureusement que l'obscurité règne dans ces grands fonds !

Autour de ces cheminées, vivent des vers géants rouges et blancs de 2 m de longueur !

À quoi ressemble le fond de la mer ?

Tu imagines sans doute que le fond de la mer est tout plat, mais ce n'est pas le cas partout. On peut y voir des montagnes et des vallées, des plaines et des collines, exactement comme sur les continents.

En 1963, un volcan surgit sous la mer, tout près de l'Islande. En grandissant, le volcan atteignit la surface et forma ainsi une nouvelle île appelée Surtsey.

Depuis la côte, les continents descendent en pente douce vers le large. Cette pente est appelée plate-forme continentale.

La moitié du plancher océanique est couverte de plaines. Ce sont les plaines abyssales.

La dorsale médio-atlantique est une longue chaîne de montagnes sous-marines située dans l'Atlantique.

Y a-t-il des montagnes sous la mer ?

Le fond des océans est aussi secoué de tremblemens de terre, tout comme les continents. On en compte plus d'un million par an ! La plupart ont toutefois lieu si profondément qu'on ne les ressent pas.

Oui, beaucoup, et ce sont toutes des volcans ! On en a répertorié environ 10 000, mais il y en a peut-être bien le double. Ces montagnes sont appelées dorsales océaniques. Certains volcans sont si hauts qu'ils émergent de l'eau et forment des îles.

Une fosse est une vallée très profonde au fond de la mer.

Une dorsale océanique est une chaîne de volcans sous-marins. Il y en a toujours un en éruption !

15

Comment les poissons respirent-ils sous l'eau ?

Comme toi, les poissons doivent respirer pour vivre. Mais toi, tu prends l'oxygène de l'air alors que les poissons prélèvent celui de l'eau. L'eau que les poissons avalent est filtrée puis rejetée par les branchies protégées par un opercule. L'oxygène passe alors dans le sang du poisson : c'est sa façon de respirer !

Les animaux marins ne respirent pas tous sous l'eau. Les morses, les phoques et les dauphins respirent à l'air libre, comme toi. Ils doivent donc remonter à la surface assez souvent.

Opercule

Comment les poissons nagent-ils ?

Ils font onduler leur corps grâce à des muscles. Les battements de leur queue leur servent à avancer, les autres nageoires à garder leur équilibre et à changer de direction.

Quel oiseau vole sous l'eau ?

Les manchots ne peuvent pas voler car leurs ailes sont trop courtes. Sur terre, ils se déplacent en se dandinant ou en se laissant glisser sur le ventre. Ils sont plus à l'aise dans l'océan où leurs ailes font office de nageoires. Leurs pattes et leur queue leur servent de gouvernail. Ils peuvent nager très vite.

Les hippocampes ne sont pas de très bons nageurs. Ils doivent parfois s'accrocher aux algues pour éviter d'être emportés par les courants marins.

Comment se déplace le calmar ?

Le calmar se déplace d'une manière bien étrange. Il aspire de l'eau puis l'expulse si violemment que son corps est propulsé en arrière. Sur de courtes distances, il est l'un des animaux marins les plus rapides.

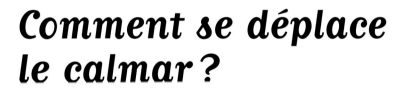

Le calmar possède dix tentacules, soit deux de plus que sa cousine, la pieuvre.

17

Quel animal marin adore jouer ?

Les dauphins sont très joueurs et confiants. Ils adorent s'amuser avec les bateaux, en glissant dans leur sillage. Certains sont si amicaux qu'ils nous laissent nager avec eux. Des dauphins ont même sauvé des hommes de la noyade en les poussant vers le rivage avec leur museau.

Qui utilise les sons pour « voir » ?

Baleines et dauphins se servent de leurs oreilles et non de leurs yeux pour « voir » et donc se diriger. Lorsqu' ils nagent, ils émettent des sons dont les ondes se déplacent dans l'eau. Dès que ces ondes rencontrent un obstacle, elles rebondissent un peu comme une balle contre un mur. L'animal reçoit alors ce message et est ainsi averti de la position de l'obstacle.

Avec leurs 200 dents pointues et tranchantes, les dauphins capturent aisément les poissons qui ont pourtant une peau glissante. Imagine-les se brossant les dents !

Les narvals sont une sorte de baleine portant une très longue défense. Les marins vendaient ces défenses, prétendant qu'il s'agissait de cornes de licornes !

Existe-t-il des animaux marins qui chantent ?

Le béluga est une baleine blanche. Il est surnommé le « canari des mers » car il gazouille comme un oiseau. Il peut aussi meugler comme une vache, tinter comme une cloche, ou émettre un baiser sonore !

D'où viennent les vagues ?

Remplis un bol d'eau pour faire des vagues. Plus tu souffles fort à la surface, plus les vagues sont grosses.

Les vagues sont des ondulations de l'eau créées par le souffle du vent à la surface de l'océan. Par temps calme, elles sont faibles ; mais, par gros temps, lorsque la mer est déchaînée, elles deviennent de plus en plus fortes jusqu'à former d'immenses murs d'eau.

Certaines vagues peuvent rouler et se déplacer aussi vite que des chevaux au galop !

Dans la baie de Waimea, à Hawaii, les vagues sur lesquelles glissent les surfeurs atteignent 10 m de haut, soit six fois la taille d'un homme !

Les palmiers pourraient pousser dans une région froide comme l'Écosse car sa côte Ouest est réchauffée par des courants venant de contrées beaucoup plus chaudes.

Y a-t-il des rivières dans l'océan ?

Il existe dans l'océan des courants de profondeur coulant comme des rivières. Ils voyagent plus vite que l'eau qui les entoure, circulant d'un bout à l'autre du monde. Les courants de surface, eux, sont créés par les vents qui soufflent sur l'eau.

Les courants océaniques peuvent emporter une bouteille contenant un message. Mais il faut être patient : une bouteille a flotté pendant soixante-treize ans avant de s'échouer sur le rivage !

Pourquoi les marins s'inquiètent-ils des marées ?

Deux fois par jour, la mer monte puis se retire à nouveau. À marée haute, l'eau recouvre la côte, les bateaux peuvent rentrer et sortir du port. Mais à marée basse, le niveau baisse et les bateaux sont échoués sur le rivage ou déjà loin en mer !

Au Canada, dans la baie de Fundy, à marée haute, l'eau est quinze fois plus profonde qu'à marée basse ; c'est la hauteur d'une maison de cinq étages ! L'archipel de Chausey, en Normandie, est également connu pour ses grandes marées.

Où vivent les poissons anges, clowns et perroquets ?

Les anges de mer, les poissons-clowns et les poissons-perroquets vivent avec des milliers d'autres animaux dans les récifs coralliens. Les poissons tropicaux portent souvent des motifs aux couleurs éclatantes.

Poisson-ange impérial

Poisson-perroquet

Les récifs coralliens se trouvent dans les eaux peu profondes des régions les plus chaudes du monde.

Ange de mer impérial

Les bénitiers géants vivent dans les récifs coralliens. Leurs coquilles sont assez grandes pour y prendre un bain !

Qu'est-ce qu'un récif corallien ?

Un récif corallien est une belle barrière sous-marine. Il ressemble à des roches, mais il est en fait constitué de millions de minuscules animaux. Ces animaux ont une enveloppe qui se calcifie et qui reste sur place lorsqu'ils meurent. Le récif croît ainsi par empilement de couches successives de squelettes.

Les coraux prennent toutes sortes de formes.

Où se situe le plus grand récif ?

Le plus grand récif corallien du monde est situé dans les eaux chaudes et peu profondes de la côte Nord-Est de l'Australie. C'est la Grande Barrière de corail, qui s'étend sur plus de 2 000 km. Elle est si grande qu'on peut la voir de l'espace.

Poisson-clown

Quel est le poisson le plus gros ?

Le gobie nain est le plus petit poisson marin.

Le requin-baleine est le plus gros poisson du monde. Il est suivi de près par le requin pélerin qui est aussi long que 8 plongeurs (près de 15 m de long) et aussi lourd que 6 éléphants (8 tonnes).

Le roi des harengs est le plus long poisson marin.

Roi des harengs

Le plus gros végétal marin que nous connaissons est une algue appelée varech. Elle peut être aussi longue qu'un tir de ballon.

Voilier

Quel est le poisson le plus rapide ?

Le voilier peut se déplacer sous l'eau à environ 80 km/h, soit aussi vite qu'une voiture. Il plaque ses nageoires contre son corps et son museau pointu fend l'eau comme un couteau.

Requin pèlerin

Quel est
le plus gros crabe ?

Le crabe araignée géant qui vit dans l'océan Pacifique autour du Japon, mesure environ 4 m d'un bout à l'autre de ses pattes. Il pourrait tenir un hippopotame dans ses pinces !

Le crabe de moule est minuscule ; c'est le plus petit crabe. Il vit dans les coquilles de moules et d'huîtres.

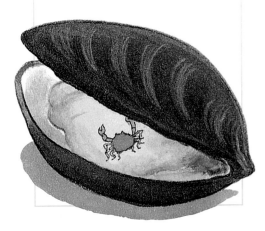

Quel poisson chasse avec « un marteau » ?

Le requin-marteau possède une énorme tête en forme de marteau qui lui sert à chasser. Ses yeux et ses narines sont situés à chaque extrémité du marteau. Quand il nage, il tourne la tête de gauche à droite à la recherche d'une proie. Cette forme étrange lui permet aussi de prendre des virages plus serrés que les autres requins.

Existe-t-il des poissons électriques ?

La physalie attrape ses proies avec ses longs tentacules.

Certains poissons émettent des décharges électriques de forte intensité pour se protéger ou pour paralyser leur proie. Le plus dangereux est la torpille. Cette raie électrique de l'Atlantique est capable de produire assez d'électricité pour allumer une ampoule.

Les maquereaux se déplacent par milliers en bancs. Leurs ennemis ont ainsi plus de difficultés à capturer l'un d'eux dans cette masse.

Que sont les poissons pierres ?

Le poisson pierre ressemble à un bloc de pierre inoffensif, mais il est pourtant très dangereux. Pour se défendre, il pique son ennemi avec ses épines dorsales qui contiennent un puissant venin, un poison parfois mortel pour l'homme.

Le dragon de mer feuillu a l'aspect curieux de feuilles d'algues flottant dans l'eau. Quel parfait camouflage !

À quelle profondeur plongent les sous-marins ?

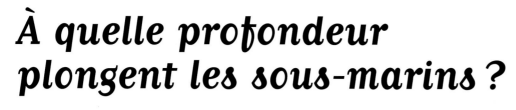

La plupart des gros sous-marins militaires sont capables de plonger jusqu'à 750 m de profondeur. Mais il existe des sous-marins profonds qui plongent à 6 000 m. Ces explorateurs peuvent transporter quelques passagers et sont équipés de projecteurs, de caméras et de pinces pour faire des manipulations.

Qu'est-ce qu'un bathyscaphe ?

Les plongeurs utilisent de petits engins appelés bathyscaphes pour explorer les profondeurs et rechercher des épaves et des trésors engloutis. Le *Titanic* était un énorme paquebot qui coula il y a près de 100 ans. En 1985, des plongeurs découvrirent son épave par 3 781 m de fond. Ils purent l'atteindre grâce à un bathyscaphe, l'*Alvin*.

Lors de son premier voyage en 1912, le *Titanic* heurta un iceberg dans l'océan Atlantique et coula.

Quel est le record de plongée ?

En 1960, dans l'océan Pacifique, deux hommes atteignirent l'incroyable profondeur de 11 km dans la fosse des Mariannes. Ils étaient à bord d'un des tous premiers engins appelés bathyscaphes. Cette machine extraordinaire était nommée le *Trieste*. La descente dura environ cinq heures.

En eau profonde, une simple combinaison de plongée et des bouteilles ne suffisent pas : les plongeurs portent une sorte de cuirasse. Celle-ci est appelée araignée. Un vrai sous-marin individuel !

Dans les zones les plus profondes de l'océan, la pression est tellement forte que c'est un peu comme si 10 éléphants s'asseyaient sur toi !

Qui pêche avec du feu ?

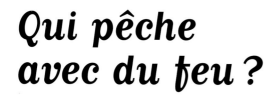

Sur une île du Pacifique, les habitants pêchent la nuit. Ils mettent le feu à des branches de cocotiers et les accrochent en travers de leurs bateaux. Les poissons attirés par cette lumière nagent vers les embarcations et sont harponnés ensuite par les pêcheurs.

Les algues sont riches en éléments fertilisants. C'est pourquoi les paysans les répandent dans leurs champs pour améliorer la qualité du sol. Elles sont aussi utilisées pour épaissir les glaces et les dentifrices.

Y a-t-il des élevages en mer ?

Oui, mais il n'y a ni fermiers, ni vaches, ni moutons ! Certaines espèces de poissons et de coquillages sont élevées en mer, dans des cages ou des casiers immergés. Les poissons sont si bien nourris qu'ils grossissent beaucoup plus vite qu'à l'état sauvage.

Il existe de nombreuses légendes expliquant comment la Terre s'est formée. Certaines racontent qu'elle serait née dans la coquille d'un mollusque géant. Sacrée coquille !

Y a-t-il des trésors dans la mer ?

Dans les eaux chaudes tropicales, des perles peuvent se former dans la coquille des huîtres. Les perles sont si rares qu'elles ont beaucoup de valeur. Des plongeurs risquent souvent leur vie pour aller ramasser ces trésors.

La plus grosse perle jamais trouvée était de la taille de ta tête. Tu t'imagines la porter autour du cou !

Index